模拟测震图纸数字化技术规程2021

模拟地震资料抢救项目办公室　著

地震出版社

模拟测震图纸数字化技术规程2021

模拟地震资料抢救项目办公室　著

地震出版社

图书在版编目（CIP）数据

模拟测震图纸数字化技术规程. 2021/模拟地震资料抢救项目办公室著.
—北京：地震出版社，2021.3
ISBN 978-7-5028-5311-2

Ⅰ.①模…　Ⅱ.①模…　Ⅲ.①地震图—数字化制图—技术规范—中国—2021　Ⅳ.①P315.63-65

中国版本图书馆 CIP 数据核字（2021）第 060211 号

地震版　XM4798/P（6049）

模拟测震图纸数字化技术规程₂₀₂₁
模拟地震资料抢救项目办公室　著
责任编辑：王　伟
责任校对：凌　樱

出版发行：地震出版社
北京市海淀区民族大学南路 9 号　　　　　邮编：100081
销售中心：68423031　68467991　　　　　传真：68467991
总 编 办：68462709　68423029　　　　　传真：68455221
编辑二部（原专业部）：68721991
http://seismologicalpress.com
E-mail：68721991@sina.com

经销：全国各地新华书店
印刷：河北文盛印刷有限公司

版（印）次：2021 年 3 月第一版　2021 年 3 月第一次印刷
开本：880×1230　1/16
字数：64 千字
印张：2
书号：ISBN 978-7-5028-5311-2
定价：20.00 元

模拟测震图纸数字化技术规程2021

编 委 会

牟磊育　　柴旭超　　韩　炜

黎　明　　张志鹏　　刘　伟

张晓瞳　　朱飞鸿　　刘瑞丰

卜淑彦　　王庆良　　王文青

目　　录

1 总则

为统一规范国家模拟地震资料抢救项目的数字化工作，借鉴由美国哥伦比亚大学拉蒙特-多赫蒂地球观象台与美国加州大学斯克里普斯海洋研究所合作开发的模拟地震图数字化软件（SeisDig），开发了有我国自主知识产权的模拟地震图数字化软件（HSD）。在开发中通过与模拟地震图专家反复讨论，并结合我国《数字胶片和模拟地震图纸的电子化扫描规程》相关技术标准，使用现有模拟地震图电子化资料对 HSD 软件进行反复测试后，制定本规程。

2 适用范围

2.1 电子化的测震台站模拟记录图纸。

2.2 电子化的测震胶片资料。

3 技术要求

3.1 台站基础信息采集

3.1.1 历史测震图数字化工作，应采集台站基础信息，包括台站名称、台站代码、台站经纬度、台站高程等。

3.1.2 采集台站观测仪器信息，包括仪器名称、仪器型号、仪器参数等。

3.2 计算机配置要求

CPU：Intel i5 以上

内存：8G 以上

显示器：27 英寸以上，分辨率 1920×1080 以上

操作系统：Win7/Win10/Vista　64 位

3.3 数字化电子历史地震图要求

3.3.1 数字化要求输入图片格式为 BMP、PNG、JPG、JPEG 图像格式。

3.3.2 用于数字化的测震图片分辨率大于等于 600 dpi。

3.3.3 用于数字化的测震图片倾斜角度小于 10°。

3.4 历史地震图数字化输出文件要求

3.4.1 历史地震图数字化输出文件，要求包含台站名、台网名、位置、分向名信息，并符合国际标准的 SAC 文件格式。

3.4.2 历史地震图数字化输出文件名，要求包含台网名、台站名、位置、通道名、年月日时分秒信息，文件扩展名为 sac。示例：BJ. BJ. 00. HN. 19800110120000. sac。

3.5　存储介质与存储要求

3.5.1　存储介质

移动硬盘。

3.5.2　备份冗余

独立保留 3 份副本。

3.5.3　目录要求

省/台站/观测年份/月份，示例：BJ/BJI/1981/01。

省/遥测台网/观测年份/月份，示例：HE/ZJK/1981/01。

数字化文件应与电子化测震波形图片文件存放在同一文件夹下。

4　实施过程

4.1　数字化流程

4.1.1　人工描线方式

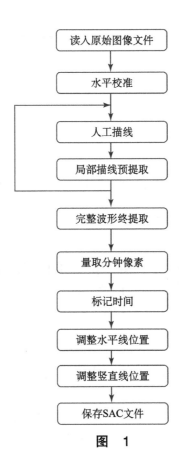

图　1

4.1.2 人工描点方式

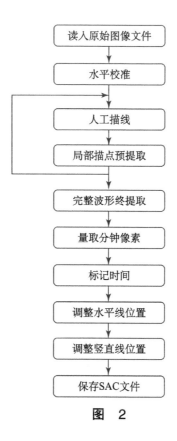

图 2

4.1.3 自动提取+人工描点方式

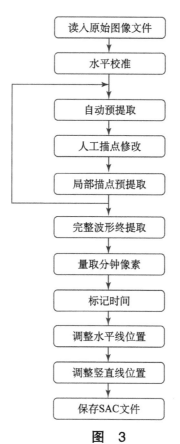

图 3

4.1.4 需弧形校正的提取方式

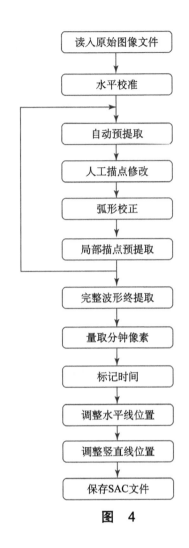

読入原始图像文件

↓

水平校准

↓

自动预提取

↓

人工描点修改

↓

弧形校正

↓

局部描点预提取

↓

完整波形终提取

↓

量取分钟像素

↓

标记时间

↓

调整水平线位置

↓

调整竖直线位置

↓

保存SAC文件

图 4

4.2 测震图片数字化

4.2.1 测震图片数字化工作，应填写和核对工作日志。

4.2.2 对于信息不全，或历史测震图片波形无法识别的资料进行分类归档。

4.2.3 数字化后波形数据文件，存储按照本规程要求命名和存储管理。

5 成果提交

5.1 提交内容

5.1.1 电子化数字化工作日志。

5.1.2 历史地震图数字化文件。

5.2 提交方式

5.2.1 工作日志：电子版和纸介质版（2 备份）。

5.2.2 历史地震图数字化文件（移动硬盘，2 副本）。

附录 A 历史地震图数字化软件（V 1.0.3）操作说明

A.1 安装环境

建议配置：IBM Compatable PC
CPU：Intel i5 以上
内存：8G 以上
操作系统：Win7/Win10/Vista 64 位

A.2 软件操作

A.2.1 安装和运行

将 HSD. zip 解压到适当的工作目录即可。
双击解压目录中的 HSD. exe 文件可运行程序。

A.2.2 图像格式要求

软件目前支持 BMP、PNG、JPG、JPEG 图像格式。
目前已知不支持的图像文件格式：TIFF。

A.2.3 数字化软件界面

HSD 是一个基于图形用户界面（GUI）的交互式数字化工具。启动 HSD 以后，界面如图 A.1 所示。

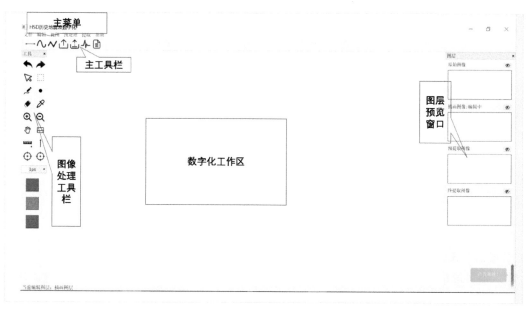

图 A.1

软件顶部是菜单区；主菜单下方是主工具栏，包含一些常用的功能按钮；下方左侧是图像处理工具栏区；中间区域为数字化工作区；右侧为图层预览窗口区。

A.2.4 菜单

软件菜单包括6个主菜单：文件、编辑、视图、预处理、提取、帮助。

A.2.5 "文件"主菜单

"文件"主菜单包括：

打开原始图像：用于打开待处理的原始图像，这个是最常用的。

打开描画图像：用于打开数字化工作过程中的备份或中间结果（描画图像）。

打开预提取图像：用于打开数字化工作过程中的备份或中间结果（预提取图像）。

打开终提取图像：用于打开数字化工作过程中的备份或中间结果（终提取图像）。

保存原始图像：用于保存水平校准及预处理后的原始图像。

保存描绘图像：保存描绘图像。

保存预提取图像：保存预提取图像。

保存终提取图像：保存终提取图像。

保存所有相关图像：用于一键保存预处理后的原始图像、描画图像、预提取图像和终提取图像。

关闭所有：关闭所有图层，用于一张图像处理完后开始处理新的一张图像。

截取选择区域为原始图像：当一张图像过大，处理效率特别慢的情况下，可以截取部分进行处理，不过这一功能不推荐使用。

退出：退出软件。

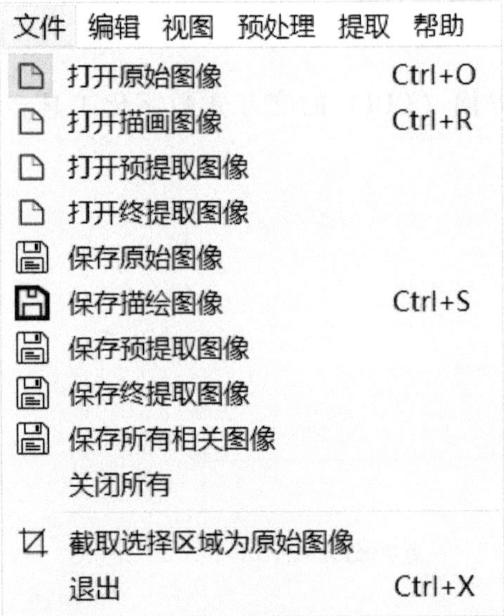

图　A.2

A.2.6 "编辑"主菜单

"编辑"主菜单包括撤销、重做、全选、取消选择、清除、编辑原始图像、编辑描画图像、修改描画点颜色。软件只允许原始图像和描画图像两层可编辑，默认编辑层为描画图像层。在编辑过程中要注意当前编辑层是哪一层。

撤销：撤销编辑操作。

重做：重复编辑操作。

全选：当前编辑层全部选中。

取消选择：取消选择。

清除：清除当前编辑层选中区域内的所有像素，如果当前编辑层为原始图像层，则以白色背景填

6

充，如果当前编辑层为描画图像层，则以透明色填充。

编辑原始图像：用于切换当前编辑层为原始图像层。

编辑描画图像：用于切换当前编辑层为描画图像层。

修改描画点颜色：修改描画图层的点颜色，主要用于交叉波形部分使用不同颜色区分。

图 A.3

A.2.7 "视图"主菜单

"视图"主菜单包括放大、缩小、初始大小、图层、工具。

放大：放大工作区中的图像，工具栏也有相应的工具按钮。

缩小：缩小工作区中的图像，工具栏也有相应的工具按钮。

初始大小：使工作区中的图像恢复到初始自动适配的大小，便于看到图像的全貌。

图层：当右侧图层栏关闭后，可使用此菜单把图层栏显示出来。

工具：当左侧工具栏关闭后，可使用此菜单把工具栏显示出来。

图 A.4

A.2.8 "预处理"主菜单

"预处理"主菜单包括：图像水平校准、反相、水平拼接、提取水平线、弧形矫正。

图像水平校准：由于原始扫描图像不可避免地有一定倾斜，利用此功能可以根据图中的水平线进行校准。

反相：将前景色和背景色互换，黑的变成白的，白的变成黑的。

水平拼接：用于处理波形折行的情况，利用此功能可以根据校准点指定的位置，将原始图像在右侧粘贴一份，与原始图像拼接成一条完整的波形。

提取水平线：利用此功能，可以提取原始图像的水平线位置，并推测地震波形的水平线位置。提取水平线之前必须使用选择框选择图纸的边界，注意选择图纸边界的时候要选择图纸的白色区域，不能选择黑色边框，否则提取会失败！

弧形校正：用于对笔记录波形的弧形失真进行校正。

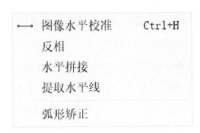

图 A.5

A.2.9 "提取"主菜单

"提取"主菜单包括描画线预提取、描画点预提取（曲线插值）、描画点预提取（线性插值）、自动预提取、自动预提取（不滤波）、提取波形、拼接波形 SAC 文件、保存提取波形为 SAC 文件、清除预提取结果、清除终提取结果等。描画线预提取、描画点预提取（曲线插值）、描画点预提取（线性插值）、自动预提取都属于局部预提取，在执行该项命令前必须要用选择框选择提取区域。

描画线预提取：适用于描画线的提取，主要是对描画线做细化处理，提取中心线。

描画点预提取（曲线插值）：适用于描画点的预提取，主要是对描画点做细化，并进行曲线插值，插值算法采用二次贝塞尔曲线插值算法。

描画点预提取（线性插值）：适用于描画点的预提取，主要是对描画点做细化，并进行曲线插值，插值算法采用线性插值算法。

自动预提取：采用算法自动识别波形曲线，需要注意的是在自动预提取之前必须使用预处理菜单的提取水平线预处理后才能执行自动预提取，自动提取结果可进行进一步编辑。

提取波形：此功能是在局部预提取的结果基础上提取完整波形，不需要选择区域。

拼接波形 SAC 文件：用于将同一个台站同一个通道的两个或多个 SAC 波形文件拼接为一个。

保存提取波形为 SAC 文件：终提取结果确认无误后，可以将提取波形保存为 SAC 文件

清除预提取结果：清除预提取结果

清除终提取结果：清除终提取结果

图 A.6

A.2.10　图像处理工具栏

图像处理工具栏位于主界面的左侧，当关闭后可以通过主菜单"视图"→"工具"将其呼出。

↖　撤销

↗　重做

↖　查看模式，在查看模式下，可以移动水平红线和竖直红线位置

⬚　选择模式，使用鼠标在图像上选取矩形区域，选中后可以执行清除、局部提取等工作

✏　描画笔模式

●　描画点模式

🧽　橡皮模式，擦除描画内容

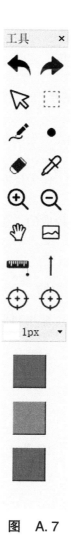

图　A.7

吸管，使用吸管吸取图像上某点的颜色值，要注意的是要看当前编辑层，如果当前编辑层是原始图像，则吸取的是原始图像上鼠标位置的颜色值，如果当前编辑层是描画图层，则吸取的是描画图像上鼠标位置的颜色值

放大

缩小

平移

初始大小，将图像恢复到初始自适配的大小状态，可以查看图像全貌

量尺，一般使用它来量取分钟像素

标记时间

左校准点，用于水平校准和水平拼接的校准

右校准点，用于水平校准和水平拼接的校准

1px ▾ 选择描画线或描画点及橡皮的粗细或大小

选择当前描画笔的颜色（描线、描点及自动提取的颜色）

在自动提取前，吸取波形的前景色，作为提取的颜色阈值

在预提取之前，吸取颜色，指定预提取的点颜色。

A.2.11 图层栏

图层栏位于界面右侧，点击每个图层右上角的　◎　按钮，可以控制该图层的显示/隐藏，每个图层的内容会同步跟随主工作区域图像的放大、缩小和平移。

图　A.8

A.2.12　主界面辅助线

红色水平辅助线，一方面可以用来校验图像是否有倾斜，水平校准后是否达到水平，另一方面用于指定所保存波形的水平中心线。

红色竖直辅助线，用于在保存波形为 SAC 文件时指定保存起始位置，保证三分向基于一个起始位置。

图　A.9

A.3 数字化提取实例

这里以自动提取+人工描点方式结合的方式为例。

（1）启动软件，进入软件主界面（图 A.10）。

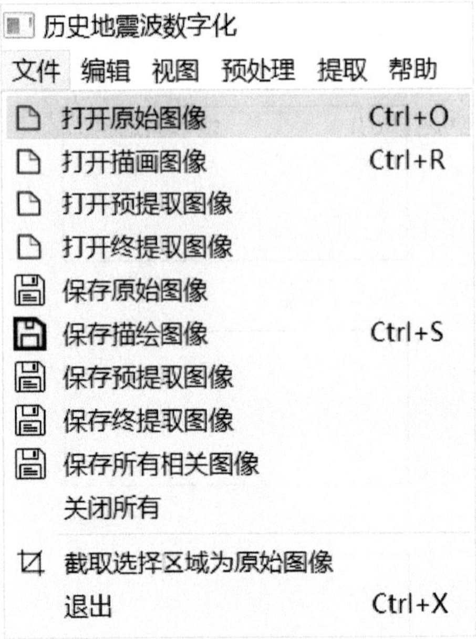

图 A.10

（2）打开原始图像，选择"文件"主菜单→"打开原始图像"子菜单（图 A.11）。

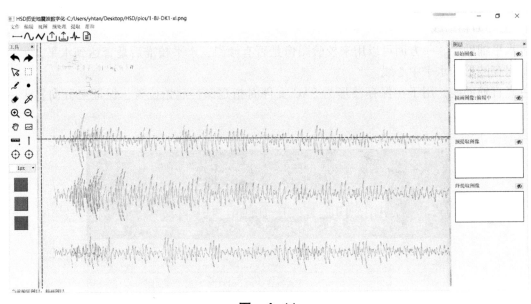

图 A.11

（3）水平校准：

使用工具栏中的"左右校准点"按钮，在图像上标记左右校准点，左校准点一般标记在某一分向（建议中间的东西分向）的自上向下第二条水平线左端点处，右校准点一般标记在同一分向的自上而下第一条水平线右端点处（图 A.12）。

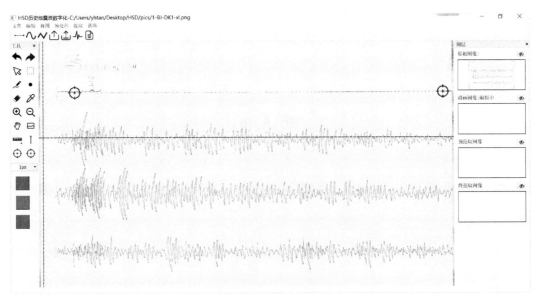

图　A.12

然后选择"预处理"主菜单→"水平校准"子菜单（图 A.13）或者主工具栏的"水平校准"按钮（图 A.14）。

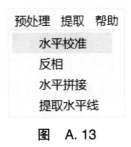

图　A.13

图　A.14

系统会提示选择水平线校准范围，一般四个图层全选择即可（图 A.15）。

图　A.15

然后可以使用红色水平辅助线校验校准结果（图 A.16）。

图　A.16

（4）自动预提取：

自动预提取前首先要选取颜色阈值，选取时注意要把图像局部放大才能准确选取（图 A.17）。

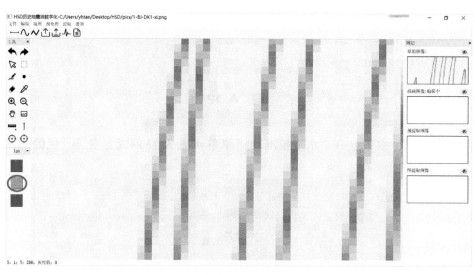

图　A.17

使用选择框，选择提取区域（图 A.18）。

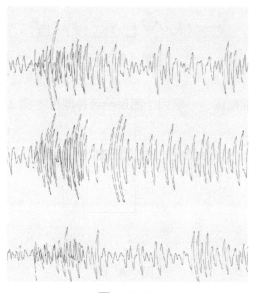

图　A.18

然后选择菜单"提取"→"自动预提取"子菜单（图A.19）。或者主工具栏的"自动预提取"按钮（图A.20）。

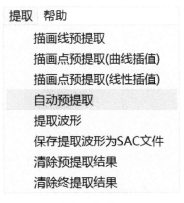

图　A.19

图　A.20

若干分钟后，提取结果会显示在界面上（图A.21）。

图　A.21

（5）使用"橡皮"和"描画点"工具修正自动提取结果，擦掉多余的线段，补充未提取部分。

（6）弧形校正（没有弧形失真的图像可以跳过本步骤）：

①量取分钟像素，选取工具栏"量尺"，然后系统提示量取的分钟个数（图A.23），系统会自动计算分钟像素。

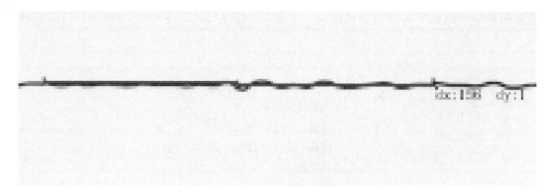

图　A.22

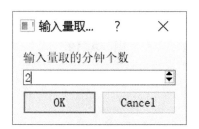

图　A.23

②将红色水平线移到要校正的波形部分的中心线（图 A.24）。

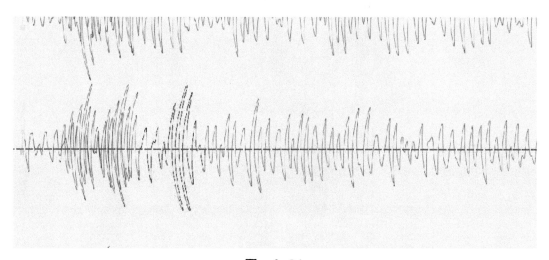

图　A.24

16

③选取弧形校正的区域（图 A.25）。

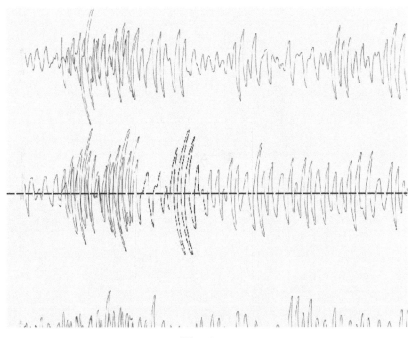

图　A.25

④选择"预处理"菜单→"弧形校正"（图 A.26）。

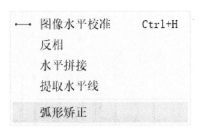

图　A.26

⑤系统提示输入分钟图纸长度，以毫米为单位（图 A.27）。具体数值请查阅仪器参数。

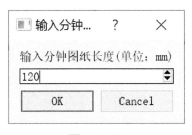

图　A.27

⑥系统会接着提示输入笔长（记录笔尖到转动轴中心的长度，以毫米为单位）（图 A.28）。具体数值请查阅仪器参数。

图　A.28

⑦校正结果如图 A.29 所示。

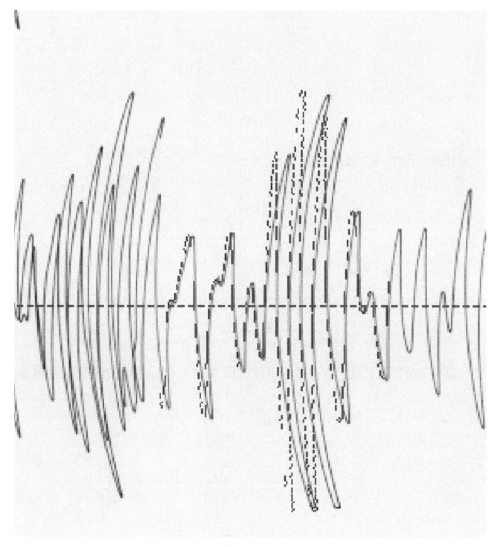

图　A.29

（7）描画点预提取（曲线插值）：
使用"选择"工具选择要提取的区域（图 A.30）。

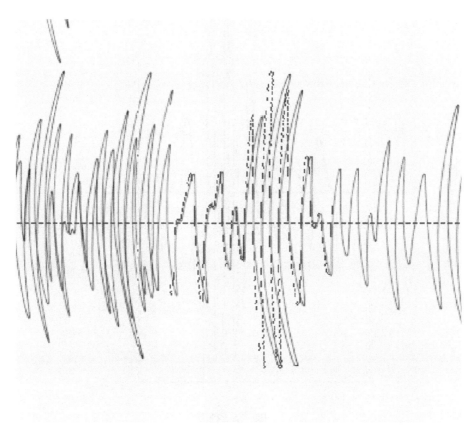

图　A.30

选择菜单"提取"→"描画点预提取（曲线插值）"（图 A.31）或主工具栏的"描画点预提取"按钮（图 A.32）。

提取　帮助
描画线预提取
描画点预提取(曲线插值)
描画点预提取(线性插值)
自动预提取
提取波形
保存提取波形为SAC文件
清除预提取结果
清除终提取结果

图　A.31

图　A.32

提取结果如图 A.33。

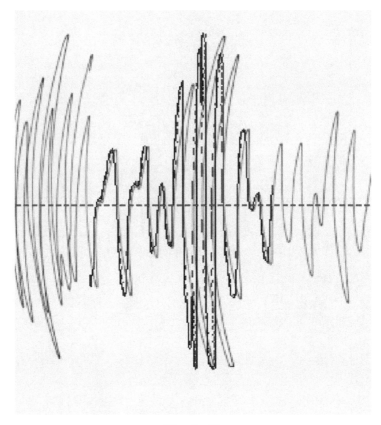

图　A.33

　　如果有尖锐的突起，说明这些部分缺失信息，使用描点工具，在这些尖锐的地方补充些信息点，然后重新提取，经过修正后提取结果和原波形已吻合的比较好，一般情况下，造成这些突起的原因是杂点或信息点不足引起的。

　　逐段循环上述过程把整个波形提取完毕。

　　（8）波形提取：

　　本步骤不需要选择区域，直接选择菜单"提取"→"提取波形"（图 A.34）或者主工具栏的"提取波形"按钮（图 A.35）。

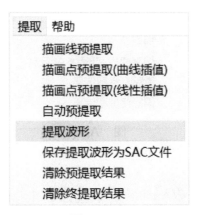

图　A.34

图 A.35

提取结果如图 A.36。

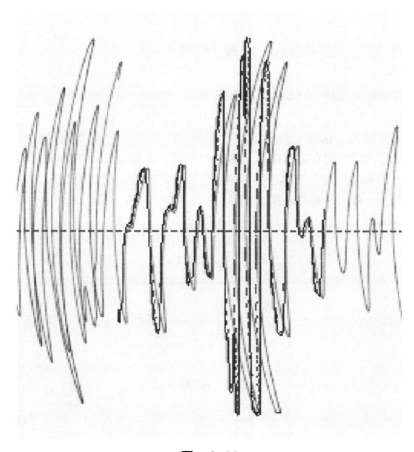

图 A.36

（9）量取分钟像素，如果图像做过弧形校正，则本步骤已经在该步骤完成，可跳过本步骤。

选择工具栏中的"量尺"，在图像上量取时分点。如图 A.37，量取了 2 个时分点的距离，dx 为 158，因此分钟像素 = 158/2 = 79.0。

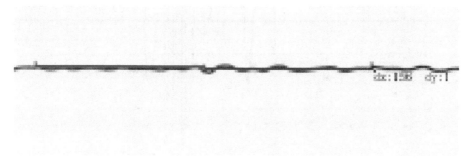

图 A.37

新版软件系统会提示录入量取的分钟个数（图 A.38）。

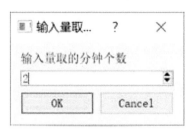

图　A.38

输入量取的分钟个数，系统会自动计算分钟像素值。

（10）标记时间：

从图章中查到图纸时间，选择工具栏的"标记时间"工具，我们当前提取的是南北向通道的波形，但一般图纸标注的初动时间在垂直向，其实三分向只需要标注一个时间就可以了，因此我们把时间标注在垂直向的 P 波初动位置，当然也可以是波形所在水平线上的其他时间。

在标记处点击后，会弹出时间输入框（图 A.39），点击"OK"后，图像上会在标记位置画上一个黑色的箭头（图 A.40）。

图　A.39

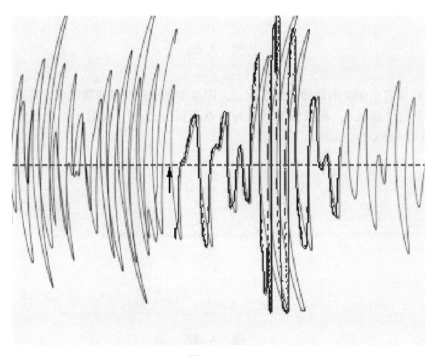

图　A.40

（11）调整水平线位置：
调整红色水平线让其与波形所在水平线或其他参考线吻合，如图 A.41。

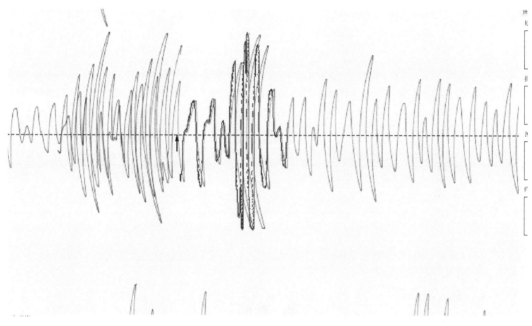

图　A.41

（12）调整竖直线位置：
调整竖直水平线至 P 波初动向前约 30s 处，如图 A.42。

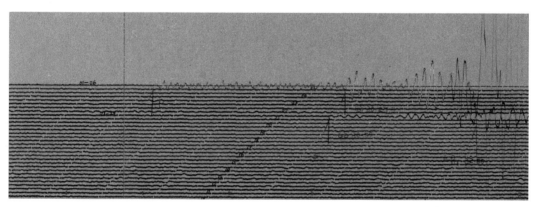

图　A.42

本例因提取部分没有 P 波初动，则选在提取部分起始处（图 A.43）。

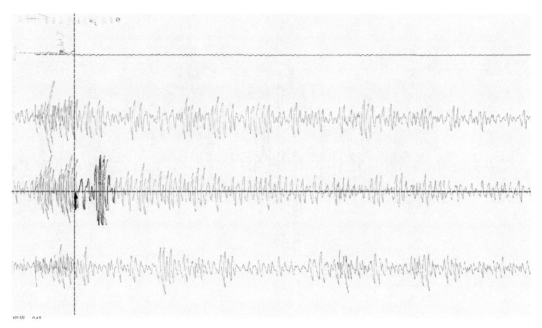

图 A.43

（13）保存提取波形为 SAC 文件：

选择菜单"提取"→"保存提取波形为 SAC 文件"菜单（图 A.44），系统会弹出保存对话框（图 A.45）。

根据图章上的信息，选择台站 BJI 位置一般填"00"，由于当前处理波形为南北向，因此通道填写"HN"（南北向为 HN，东西向为 HE，垂直向为 HZ），放大倍数 2130 可以从图章上获得，由于当前仪器为 SK，分钟图长根据实际仪器型号参数填写，这里为 120mm，分钟像素之前已经量取，系统会自动带出。

点击"OK"，系统提示选择保存路径，然后即可保存成功。

注：南北向处理完后可继续处理其他两个通道，但要注意几点：①竖直线位置不能移动，否则最后提取的三分向波形起始位置不统一；②标记时间三分向只标记一个分向即可，不需要每个分向都标记一次；③处理完一个分向之后，要使用菜单"提取"→"清除预提取结果"，和"提取"→"清除终提取结果"，清除前面的提取结果，然后再处理其他通道。

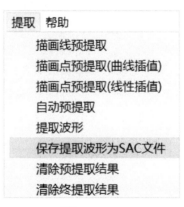

图 A.44

图 A.45

A.4 其他重要功能介绍及说明

（1）水平校准点连线，用于在噪声较大的图像上观察校准点选取是否准确（图 A.46）。

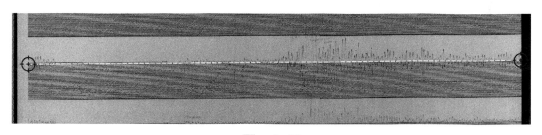

图 A.46

（2）水平线位置提取，用于帮助确定波形中心线位置，每个分向会向上和向下扩展推测 1~2 个水平线位置。使用方法："预处理"菜单→"水平线提取"。重要提示：提取效果跟水平校准的效果有关，因此使用此功能前需要做好水平校准（图 A.47）。

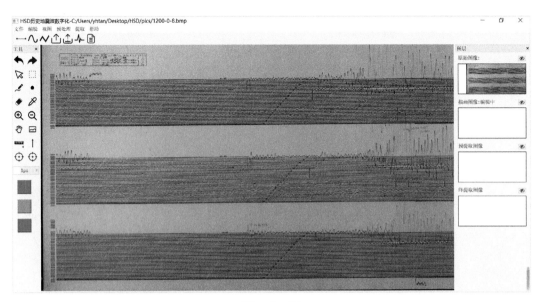

图　A.47

（3）图像反相，图像的前景色和背景色互换（图 A.48）。

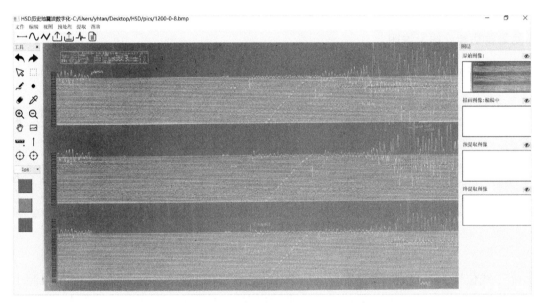

图　A.48

（4）所有图层支持滚轮同步放大缩小。
（5）预提取可根据指定颜色提取波形，便于波形交叉时使用颜色区分不同波形。
当波形交叉时，可以将不同波形使用不同颜色区分，然后在进行预提取时指定颜色将波形分别提取出来（图 A.49）。

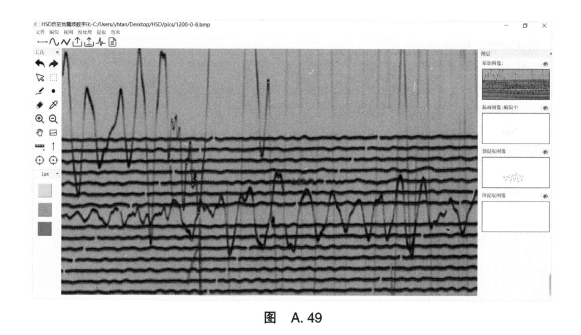

图 A.49

预提取指定颜色使用图像工具栏的最下方的"取色按钮"(图 A.50)。

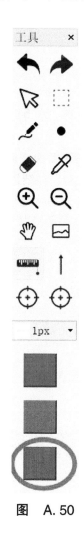

图 A.50

（6）原始图像、描画图像、预提取图像和终提取图像可以同时或单独根据水平校准线进行旋转。

（7）波形拼接，使用方法如下：

需要先准备两个或多个同一个台站同一个通道的 SAC 波形数据：

①选择菜单"提取"→"拼接波形 SAC 文件"，系统会弹出波形拼接对话框界面。

②在波形拼接界面，将准备好的波形文件添加到拼接列表。

③点击"预览"可以查看拼接结果图形。

④点击"保存"可以保存拼接结果至一个 sac 文件。

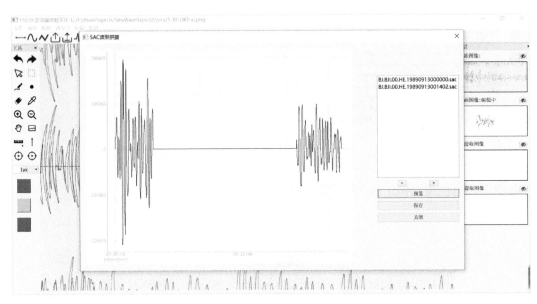

图　A.51

（8）自动保存。系统每隔 1 分钟会检查描画图像或原始图像是否发生变化，当有变化时会进行自动保存，没有变化系统不会进行多余保存，自动保存结果保存在系统的 temp 目录下。

（9）幅度较小波形的不滤波自动提取，在自动化提取过程中，当波形幅度非常小和有噪声的水平线非常相似时，可以使用"提取"菜单→"自动预提取（不滤波）"功能提取（图 A.52），或者主工具栏的"自动预提取（不滤波）"（图 A.53）。

图　A.52